ISBN 978-3-662-22929-3 ISBN 978-3-662-24871-3 (eBook)
DOI 10.1007/978-3-662-24871-3

Die in den Sitzungsberichten Abt. I und Abt. II der math.-nat. Klasse der Österr. Akad. d. Wiss. erscheinenden Abhandlungen werden auch einzeln abgegeben. Sie können durch jede Buchhandlung oder direkt durch die Auslieferungsstelle der Österreichischen Akademie der Wissenschaften (Wien I, Singerstraße 12) bezogen werden.

Nachfolgende Abhandlungen aus dem Fach **Physik** sind erschienen:

1950 (1950) (S II a, Bd. 159):

Blau Marietta: Bericht über die Entdeckung der durch kosmische Strahlung erzeugten „Sterne" in photographischen Emulsionen, 4 Seiten. S 4.—

Danninger R. und Sirk H.: Theorie des in einer magnetisch abgelenkten Glimmentladung auftretenden Druckgefälles, 4 Seiten. S 3.40

Feuchtinger K.: Ableitung des zweiten Hauptsatzes für reversible Prozesse (mit 2 Abbildungen). S 3.40

Glaser W.: Zur wellenmechanischen Theorie der elektronenoptischen Abbildung (mit 2 Abbildungen), 63 Seiten. S 58.—

Haupt H.: Über Phasenkoeffizienten und Albedo der kleinen Planeten Ceres, Pallas, Juno und Vesta, 20 Seiten. S 21.60

Hess V. F : Persönliche Erinnerungen aus dem ersten Jahrzehnt des Instituts für Radiumforschung, 3 Seiten. S 4.—

Hevesy G. v.: Erinnerungen an die alten Tage am Wiener Institut für Radiumforschung, 2 Seiten. S 4.—

Meyer St.: Die Vorgeschichte der Gründung und das erste Jahrzehnt des Institutes für Radiumforschung, 26 Seiten. S 4.—

Paneth F. A.: Aus der Frühzeit des Wiener Radiuminstituts. Die Darstellung des Wismutwasserstoffs, 3 Seiten. S 4.—

Przibram K.: 1920 bis 1938, 7 Seiten. S 4.—

Rieder W.: Der Szilard-Chalmers-Effekt mit langsamen und schnellen Neutronen (mit 5 Abbildungen), MIR Nr. 462, 14 Seiten. S 13.—

Wieninger L. und Adler N.: Über die Verfärbung von nat. Steinsalzkristallen durch Bestrahlung mit α-Teilchen von Ra*F* (mit 7 Abbildungen), MIR Nr. 472, 12 Seiten. S 13.80

Wieninger L.: Über die Bestrahlung natürlicher, gefärbter Steinsalzkristalle mit α-Teilchen von Ra*F* (mit 7 Abbildungen), MIR Nr. 466, 15 Seiten. S 15.—

Wieninger L. und Adler N.: Über den Einfluß der Erwärmung auf das Absorptionsspektrum des mit Ra*F*-x-Strahlen verfärbten Steinsalzes (mit 7 Abbildungen), MIR Nr. 467, 11 Seiten. S 9.60

Wieninger L.: Über die Verfärbung von gepreßten Steinsalzkristallen durch Bestrahlung mit α-Teilchen von Ra*F* (mit 5 Abbildungen), 12 Seiten. S 9.60

1951 (S II a, Bd. 160):

Bernert Traude: Radiumbestimmungen an Tiefseesedimenten (mit 3 Abbildungen), MIR Nr. 483, 12 Seiten. S 6.30

Böhm W.: Kolloide und Farbzentren in additiv verfärbtem Steinsalz (mit 5 Abbildungen), 18 Seiten. S 8.—

Brukl A., Hernegger F. und Hilbert Hermine: Zur Kenntnis neuer in der Natur vorkommender α-Strahler (mit 9 Abbildungen), MIR Nr. 482, 17 Seiten. S 5.50

Mayerl Margarete: Bestimmungen der optischen Konstanten des Calciums und Anwendung der Mieschen Theorie auf die Verfärbung des Flußspates (mit 5 Abbildungen), 7 Seiten. S 3.50

Wieninger L.: Ein Beitrag zur Klärung der Frage nach Wesen und Ursprung der Violett- bzw. Blaufärbung natürlicher Steinsalzkristalle (mit 13 Abbildungen) MIR Nr. 474, 33 Seiten. S 10.50

1952 (S II a, Bd. 161):

Begemann F. und Houtermans F. G.: Herstellung einer Radium-D-E-F-Standard-Lösung, MIR Nr. 492, 4 Seiten. S 3.40

Brandstaetter F.: Bemerkungen über H. Maches Methode zur Bestimmung des Diffusionskoeffizienten von Luft in Wasser (mit 4 Abbildungen), 23 Seiten. S 13.—

Hawliczek F.: Eine stabilisierte Kaskadenhochspannung für den Betrieb von Geiger-Müller-Zählrohren (mit 10 Abbildungen), MIR Nr. 485, 8 Seiten. S 9.—

Mitteilung des Instituts für Radiumforschung Nr. 529

Über die durch Tempern reversible Fluoreszenz von Mineralien und Chemikalien

Von

Karl Przibram

(Mit 3 Abbildungen)

(Vorgelegt in der Sitzung am 10. Oktober 1957)

Als durch Tempern reversible Fluoreszenz wurde die Erscheinung bezeichnet, daß die im Naturzustand auftretende bläulich-grünliche Fluoreszenz mancher anorganischer Stoffe durch starkes Erhitzen geschwächt, durch nochmaliges schwächeres Erhitzen wieder verstärkt wird. In vorhergehenden Mitteilungen[1] ist schon darauf hingewiesen worden, daß diese Erscheinung, wenigstens in gewissen Fällen mit adsorbiertem Wasser zusammenhängen könnte.

Der Übersichtlichkeit halber seien die wesentlichen Tatsachen, wie sie in den ersten Mitteilungen angegeben waren, hier nochmals zusammengestellt. Im Ausgangszustand zeigen viele Mineralien und Chemikalien eine nicht sehr starke bläulich-grünliche Fluoreszenz bei Erregung mit 365 mμ. Wird eine Probe mäßig erhitzt, so fluoresziert sie

---

[1] Wien. Ber. II. **165**, 281, 1956. Nature **179**, 319, 864, 1957. Von den Arbeiten Ewles', der als erster die Fluoreszenz adsorbierten Wassers erkannt hat, war dem Verf. die Arbeit von J. Ewles und G. C. Farnell (Proc. Phys. Soc. A. **62**, 216, 1949) entgangen, in der mitgeteilt wird, daß die Spektralaufnahmen mit Ilford HP 3-Platten gemacht worden waren, womit die Übereinstimmung der scheinbaren photographischen Maxima mit den in meiner Arbeit angegebenen, mit der gleichen Emulsionssorte erhaltenen die erwartete Erklärung findet. Es sei noch darauf hingewiesen, daß die in meiner Arbeit benützten Gevaert Sciencia 70 A 74 Platten eine Empfindlichkeitslücke im Gelb-Orange aufweisen; daher zeigt das in Abb. 10 wiedergegebene Spektrum der gelben Fluoreszenz des geglühten Anhydrits das Maximum im Grün.

nach dem Abkühlen in manchen Fällen wesentlich stärker. Wird sie geglüht, so wird ihre Fluoreszenz wieder schwächer, manchmal bis zum Verschwinden, wobei häufig die Farbe des Lichtes in Gelb übergeht. Wird die geglühte Probe nun nach dem Abkühlen in der Zimmerluft wieder erwärmt, so stellt sich die stärkere grünliche Fluoreszenz wieder ein. Dies erfolgt nicht, wenn die geglühte Probe vor dem Abkühlen in ein erhitztes Glasrohr eingeschmolzen wurde. Wohl aber wird in manchen Fällen die starke grünliche Fluoreszenz an nicht zu stark geglühten Proben durch Befeuchten mit destiliertem Wasser, auch ohne Erwärmen, regeneriert (Ewles-Effekt) sowie durch bloßes langes Liegen an der Luft.

Diese Tatsachen legten folgende Deutung nahe: Die Fluoreszenz wird durch Wasser bedingt, das irgendwie fester gebunden ist als durch bloße Oberflächenadsorption; nur in diesem fester gebundenen Wasser sind die Energieniveaus der Wassermoleküle soweit verschoben[2], daß eine sichtbare Fluoreszenz durch Filter-UV (365 mμ) erregt werden kann. Durch Glühen wird das Wasser weitgehend ausgetrieben (Schwächung der grünlichen Fluoreszenz). Beim Abkühlen in feuchter Luft schlägt sich etwas Wasser rein oberflächlich nieder, was keinen Einfluß auf das Fluoreszenzvermögen hat. Erst bei nochmaligem Erwärmen (Zufuhr einer Aktivierungsenergie)[3] gehen die Wassermoleküle die stärkere Bindung ein, die zur verstärkten Fluoreszenz führt. Vielleicht ist folgende präzisere Vorstellung zulässig: Die Oberfläche besitzt ausgezeichnete „aktive“ Stellen, an denen diese Bindung besonders bevorzugt wird, und zu der die sonst nur locker gebundenen Wassermoleküle nach Zufuhr der Aktivierungsenergie hinwandern, nach Art der Volmerschen Oberflächenwanderung[4].

Beim Befeuchten treffen, im Gegensatz zur Abkühlung an der Luft, so viele Wassermoleküle auf die Oberfläche, daß auch gleich eine genügende Zahl von aktiven Stellen besetzt wird, ohne daß ein Beweglich-

---

[2] Über den Einfluß der Adsorption auf die Energieniveaus adsorbierter Moleküle siehe insbesondere J. H. de Boer, Elektronenemission und Adsorptionserscheinungen, Leipzig, 1937, S. 131 u. ff.

[3] Über die Einteilung der Adsorptionserscheinungen in solche ohne und solche mit Aktivierungsenergie („ungehemmte“ und „gehemmte“ Adsorption) siehe A. Eucken, Lehrbuch der chemischen Physik, Leipzig, 1944, Bd. II/2, S. 1202.

[4] M. Volmer, Kinetik der Phasenbildung, 1939, S. 30 u. f., S. 48 u. f.

machen locker gebundener Moleküle durch Erwärmen nötig wäre, oder, allgemeiner gesprochen, unter den vielen Molekülen des flüssigen Wassers befindet sich immer eine genügende Zahl solcher, deren Energie die erforderliche Aktivierungsenergie übersteigt.

Die Tatsache, daß verschiedene Vorkommen desselben Minerals, ja manchmal auch Teile eines Handstückes sich verschieden verhalten, deutet darauf hin, daß die beim Zerkleinern gebildeten Oberflächen bezüglich der aktiven Stellen verschieden beschaffen sind. Es bedarf daher manchmal einiger tastender Vorversuche, ehe die geeigneten Bedingungen zur Beobachtung der reversiblen Fluoreszenz gefunden sind. Es bedarf noch der Prüfung, inwieweit hier Spurenelemente mitspielen.

Daß auch bei langem Liegen an der feuchten Luft (Naturzustand) die Fluoreszenz nicht immer ihren Höchstwert erreicht, sondern, wie z. B. beim Anhydrit, erst nach mäßiger Erwärmung, bedarf noch der Erklärung. Wahrscheinlich handelt es sich um denselben Effekt wie bei der Regenerierung der Fluoreszenz ausgeglühter Proben durch Wiedererwärmen. Es kann in manchen Fällen, aber nicht in allen, hier auch die jetzt gleich zu besprechende Kontaminierung des Minerals durch Berührung mit der Hand mitspielen.

Die weitere Untersuchung hat nämlich ergeben, daß unter der Bezeichnung „durch Tempern reversible Fluoreszenz" zwei verschiedene Erscheinungen zusammengefaßt worden sind. Während die in der Tabelle angegebenen, als Pulver untersuchten Substanzen einwandfrei den Effekt zeigen, wie er oben dargelegt wurde, tritt der Effekt bei Feldspaten, Wollastonit und meistens auch bei Anhydrit, wenn in größeren Stücken untersucht, nicht auf, wenn vermieden wird, die Stücke nach dem Ausglühen mit den Fingern zu berühren[5]. Durch Reiben der Stücke zwischen den Fingern kann der Effekt aber hier mit größter Regelmäßigkeit reproduziert werden. Hier ist also nicht, wie erst geglaubt, die Luftfeuchtigkeit für die verstärkte Fluoreszenz verantwortlich, sondern

[5] Die Berührung mit den Fingern erfolgte damals, weil die ausgeglühten Stücke zum Zwecke des Einhängens in den Ofen mit dem Ende eines Drahtes umwickelt wurden (Wien. Ber. II. **165**, 297, 1956). Der Vorgang schien unbedenklich, da nach dieser Manipulation die Fluoreszenz der Stücke unverändert war. Die Verstärkung der Fluoreszenz erfolgt ja erst nach dem Wiedererwärmen, was damals nicht vorherzusehen war.

Tabelle

Die „echte“ durch Tempern reversible Fluoreszenz pulverförmiger Stoffe	
wurde beobachtet an folgenden Stoffen	wurde unter denselben Bedingungen trotz wiederholter Versuche **nicht** beobachtet an folgenden Stoffen
Mineralien	Mineralien[5]
Anhydrit (Kreuth[1] und Harz[1])	Feldspate
Desmin (Island)	Wollastonit (Monte Baldo)
Analcim (Fronbach)	Anhydrit (Staßfurt)
Skolezit (Island)	Synthetische Stoffe
Heulandit (Rom)?	NaCl, Eimer & Amend[6]
Chabasit (Rübendörfl)	KCl, Kahlbaum[2]
Colemanit (Türkei)	CaF_2, Schuchardt, reinst
Synthetische Stoffe	$Ca(NO_3)_2 \cdot 4H_2O$, Kahlbaum[2]
$CaSO_4$, von Prof. A. Bruckl erhalten[1]	$Sr(NO_3)_2$, Kahlbaum[7]
$SrSO_4$, Kahlbaum	$Ba(NO_3)_2$, Kahlbaum
$BaSO_4$, Kahlbaum[2]	Borax
Na_2SO_4, Kahlbaum[1, 2]	Tinkalkonit ($Na_2B_4O_7 \cdot 5H_2O$[8])
K_2SO_4, Kahlbaum[1, 2]	
$MgCO_3$, Kahlbaum[1, 2]	
$CaCO_3$, Kahlbaum[1, 2]	
$SrCO_3$, Kahlbaum ,,	
$BaCO_3$, Kahlbaum[1, 2]	
Li_2CO_3, Kahlbaum	
$NaHCO_3$, Th. Tyrer & Co.[1, 3]	
CaO, Kahlbaum[1, 2]	
SrO, Kahlbaum[1]	
BaO, Ursprung unbekannt[1]	
$NaHPO_4$, Kahlbaum[2]	
NaF, Österr. Heilmittelstelle	
K-Ge-Zeolith, von Prof. H. Novotny[1,4]	

[1] Fluoreszenz nach dem Glühen gelblich

[2] pro analysi

[3] Sterling Brand Chemical Reagents

[4] siehe A. Wittmann und H. Novotny, Monatshefte f. Chem. **87**, 654, 1956.

[5] Eine Anzahl weiterer Mineralien wurde in Form größerer Stücke mit negativem Ergebnis untersucht; sie müßten aber noch in Pulverform geprüft werden.

[6] Tested Purity Reagents

[7] kristallisiert, Ba-frei

[8] Aus dem Mineralogischen Institut der Universität Wien.

etwas, das von der Haut abgegeben wird. Die Hautfeuchtigkeit ist es nicht, denn Reiben mit feuchtem Filtrierpapier hat keine Wirkung, ebensowenig der Salzgehalt des Schweißes. Es wurde dann an die Fettsäuren gedacht, allein eine von Prof. F. Wessely freundlichst zur Verfügung gestellte reine *n*-Buttersäure hatte keine Wirkung. Eine Notiz von Halla und van Tassel[6] über den Geruch von Gesteinsfunken machte darauf aufmerksam, daß merkliche Mengen von Hautsubstanz auf Mineralien abgerieben werden können, und so lag es nahe zu prüfen, wie sich die Fluoreszenz der Haut nach mäßigem Erwärmen verhält. Die Versuche haben nun ergeben, daß abgelöste Hautstückchen nach Erwärmung tatsächlich heller fluoreszieren als vorher[7].

Die Versuche wurden auf folgende Weise angestellt: Hautstückchen wurden in ein spitz ausgezogenes Glasröhrchen eingefüllt, das mit dem zugeschmolzenen Ende auf den Kupferblock am Boden des auf etwa 500° C einregulierten Ofens gestellt wurde, und das etwa 15 Sek. im Ofen belassen wurde, so daß sich im Rohr eine nach oben abnehmende Temperatur einstellte. Nach der Entfernung aus dem Ofen erwiesen sich die weiter unten im Rohr befindlichen Hautstückchen als rötlich-bräunlich verfärbt, und zwar um so dünkler, je näher sie dem Ende des Röhrchens lagen. Vor der Analysenlampe fluoreszieren die zu oberst gelegenen Stücke wie im Naturzustand, dann folgt eine Schichte, die bedeutend stärker grünlich-bläulich fluoresziert; weiter unten geht die Farbe des noch immer stärkeren Fluoreszenzlichtes in Gelb über, während die untersten Schichten dunkelorange fluoreszieren. Die Farbänderung des Fluoreszenzlichtes scheint nur durch die Lichtabsorption in der verfärbten Haut bewirkt zu sein, denn aus der Haut läßt sich im gelb fluoreszierenden Zustande gerade so wie im blau fluoreszierenden mittels Wasser eine stark blau fluoreszierende Substanz extrahieren[8]. Der aus der stark gebräunten

---

[6] F. Halla und R. van Tassel, Naturwiss. **43**, 444, 1946.

[7] K. Przibram, Naturwiss. **44**, 393, 1957.

[8] Nach S. Bommer (Acta dermato-venerologica **10**, 691, 1929) fluoresziert die Haut um so heller, je trockener sie ist. Einen gelblichen Farbton der Fluoreszenz, der manchmal an dickeren Hautschichten beobachtet wird, führt er auch auf den Einfluß der Absorption zurück. Siehe auch H. Hamperl, Virchows Archiv **292**, 1, 1934.

Haut hergestellte Extrakt ist gelblich gefärbt und adsorbiert das nahe UV so stark, daß die Fluoreszenz auf eine dünne Oberflächenschichte beschränkt bleibt, da aber besonders intensiv ist. Die fluoreszierende Substanz dieses Extraktes vermag ein Bakterien-Glasfilter zu passieren; das Filtrat zeigt im Ultramikroskop einen lebhaften bläulichen Kegel, der zum größten Teil von Fluoreszenz und nur zum geringeren von Tyndallstreuung herrührt. Durch Befeuchten der schwach erhitzten stärker fluoreszierenden Haut wird der schwächer fluoreszierende Ausgangszustand wiederhergestellt, doch handelt es sich da möglicherweise nur um das Ausziehen des fluoreszierenden Stoffes durch den aufgesetzten Wassertropfen.

Bei den zuletzt besprochenen Fällen der reversiblen Fluoreszenz scheint also das Mineral lediglich Träger einer von der Haut abgegebenen Substanz zu sein, die auch ohne diese Unterlage nach Erhitzen stärker fluoresziert. Nach stärkerem Reiben mit den Fingern leuchten die ausgeglühten Stücke auch ohne nochmalige Erhitzung etwas stärker, aber die Verstärkung durch nochmaliges Erhitzen ist auch da unverkennbar. Es wird jetzt auch verständlich, weshalb die Fluoreszenz dann so ungleichmäßig verteilt ist, wobei insbesondere Kanten und Vorsprünge bevorzugt sind. Die Frage nach einer etwaigen spezifischen Wirkung der Unterlage, die Halla und van Tassel offen gelassen haben, konnte auch hier noch nicht entschieden werden; es wäre noch zu untersuchen, ob die Fluoreszenz der Hautsubstanz durch die Adsorption am Festkörper verstärkt wird, was ja sonst oft vorkommt, und wie es hier fast den Anschein hat.

Für den Fall des Anhydrits von Kreuth konnte diese „unechte" reversible Fluoreszenz durch die Wahl passender Lichtfilter photographisch festgehalten werden, Abb. 1, ca. 2× nat. Gr. Ich verdanke diese wie die folgenden Aufnahmen Herrn Dr. H. Adler. Die Abbildung zeigt drei Anhydritstücke in ihrem Fluoreszenzlicht vor der Analysenlampe, u. zw. von rechts nach links: ein Stück im Naturzustand, ein ausgeglühtes und ein ausgeglühtes und wieder erhitztes Stück (überexponiert).

Mit der Feststellung, daß die Regeneration des durch Glühen zerstörten Fluoreszenzvermögens der grünlich leuchtenden Feldspate nur nach Berührung mit der Hand erfolgt, bleibt nun wieder die Frage offen,

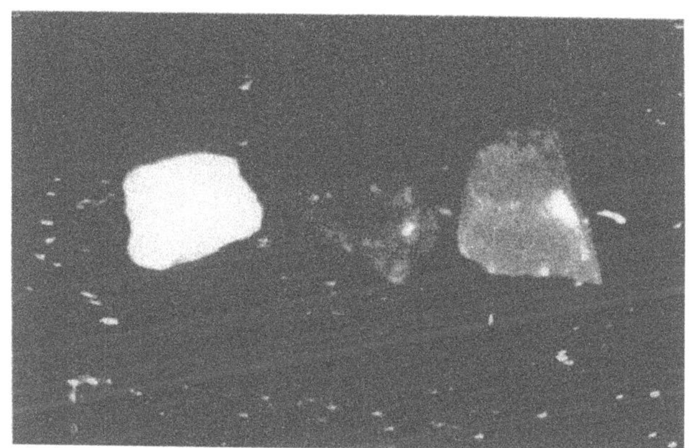

Abb. 1. „Unechte“ reversible Fluoreszenz des Anhydrits.
Von rechts nach links: Naturzustand, geglüht, geglüht und wieder erhitzt.
2 × nat. Gr.

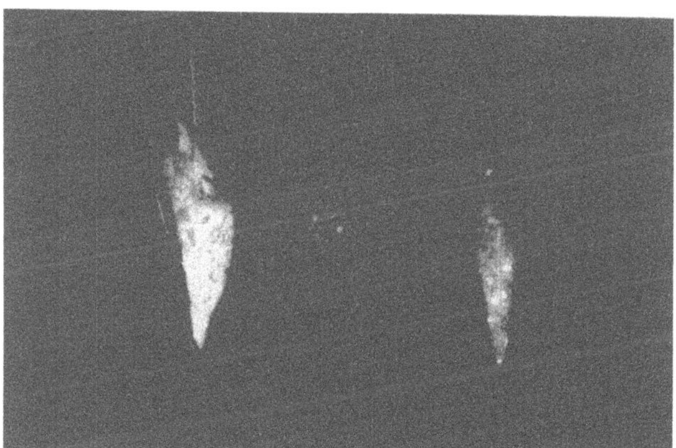

Abb. 2. Reversible Fluoreszenz des Desmin.
Von rechts nach links: Naturzustand, geglüht, geglüht und wieder erhitzt.
2 × nat. Gr.

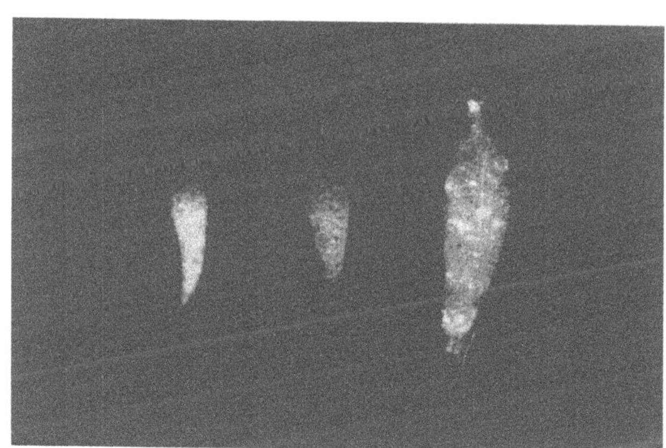

Abb. 3. Reversible Fluoreszenz des Colemanit.
Von rechts nach links: Naturzustand, geglüht, geglüht und wieder erhitzt.
2 × nat. Gr.

wieso diese bei hoher Temperatur entstandenen Mineralien überhaupt fluoreszieren. Berührung mit der Hand kann hier nicht die Ursache sein, da frische, unberührte Bruchflächen geradeso leuchten wie die Oberfläche der Handstücke. Die in derartigen Fällen naheliegende Annahme einer natürlichen Radio-Photofluoreszenz hat keine experimentelle Grundlage, da sich die Beobachtungen, die auf eine Radio-Photofluoreszenz des Amazonits schließen ließen, als irrig erwiesen haben[9]. Ein Einsickern von Oberflächenwässern, die organische Substanzen ähnlich denen der Haut in die Feldspate gebracht haben könnten, ist im erforderlichen Ausmaße unwahrscheinlich. Vielleicht ist doch die früher[10] abgelehnte Annahme zutreffend, es stelle sich bei der langsamen Abkühlung in der Natur durch innere Umordnung ein fluoreszenzfähiger Zustand her, während bei rascher Abkühlung im Laboratorium der nicht fluoreszenzfähige Hochtemperaturzustand einfriert. Für diese Auffassung spricht der Umstand, daß der von H. Haberlandt erschmolzene synthetische Feldspat ohne Manganzusatz, der jedenfalls langsamer abgekühlt worden sein wird als meine kleinen Proben, grünliche Fluoreszenz zeigt. Es bleibt aber immer auch noch die Möglichkeit, daß doch die Feuchtigkeit mitspielt und daß nur noch nicht die richtigen Bedingungen zum Nachweis mittels der reversiblen Fluoreszenz gefunden sind. Hiefür spricht die Übereinstimmung des Maximums der blaugrünen Fluoreszenzbande der Feldspate mit jenen solcher Substanzen, bei denen die Mitwirkung des Wassers sichergestellt ist, z. B. beim $CaSO_4$.

Bei den als Pulver mit positivem Erfolg untersuchten Substanzen besteht kein Zweifel, daß es sich um „echte" reversible Fluoreszenz handelt, bedingt nicht durch Hautsubstanz ,sondern wahrscheinlich durch Aufnahme von Feuchtigkeit aus der Luft im oben geschilderten Sinne. Eine Berührung mit der Hand fand nicht statt. Die einzigen Stoffe, mit denen die Proben in Berührung kamen, waren Eisenblech, schwarzes, nicht fluoreszierendes Glanzpapier, Jenaer Glas oder Quarz-

[9] K. Przibram, Wien. Anz. 5. Mai und 8. Dez. 1955.

[10] K. Przibram, Wien. Ber. II **165**, 300, 1956. Eine Reihe von Betrachtungen in dieser Arbeit sind durch die Aufdeckung der „unechten" reversiblen Fluoreszenz hinfällig geworden. Dies betrifft insbesondere den Abschnitt 6, S. 296 u. ff., während die Beobachtungen an pulverförmigen $CaSO_4$, S. 305/306, zu Recht bestehen.

glas. Es wurden folgende Kontrollversuche angestellt: Wenn auch bei den als Pulver untersuchten Substanzen die reversible Fluoreszenz von einer Kontaminierung durch die Haut herrührte, so könnte dies nur durch eine zweifache Übertragung von der Haut auf die Unterlage und dann wieder von dieser auf das Pulver erfolgen. Es wurden deshalb mit der Pinzette gehaltene ausgeglühte Feldspatstückchen, die ja den Effekt nach Berührung mit der Hand zeigen, energisch mit dem Blech bzw. mit dem Glanzpapier gerieben, das vorher mit der Hand bestrichen worden war; dies hatte in keinem Falle einen Einfluß auf die Fluoreszenz, auch nicht, wenn die Stücke dann in entsprechender Weise wieder erwärmt worden waren. Nur wenn das Glanzpapier so stark zerkratzt worden war, daß die weiße Unterseite zutage trat, zeigte sich an den geriebenen Stücken nach Wiedererwärmen eine verstärkte Fluoreszenz; bei den Versuchen mit Pulvern wurde aber das Glanzpapier nie so stark beansprucht. Da man daran denken könnte, daß Pulver vielleicht eher geneigt wären, Hautsubstanz aufzunehmen als die ganzen Stücke, wurde Feldspatpulver ebenso behandelt wie die anderen als Pulver untersuchten Substanzen; auch so konnte keine reversible Fluoreszenz beobachtet werden[11]. Mit negativem Erfolg wurde auch geprüft, ob auf dem benützten Eisenblech und Glanzpapier nach Erhitzen Fluoreszenz auftritt, die dann von Hautsubstanz herrühren könnte. Um jede Möglichkeit einer Mitwirkung organischer Substanzen auszuschließen, wurden einige Versuche mit $CaSO_4$, Colemanit und einigen anderen Substanzen mit frisch ausgeglühtem Platinblech als Unterlage angestellt, wobei die Übertragung in die Röhrchen auch durch ausgeglühtes Blech erfolgte; der Erfolg war derselbe wie bei Benützung von Eisenblech oder Glanzpapier. Da das Pulver nur mit dem Inneren der Glas- oder Quarzröhrchen in Berührung kommt, ist hier eine Verseuchung durch die Hand ausgeschlossen; bei einigen Versuchen wurde auch die Mündung des Röhrchens abgeflammt.

Durch diese Kontrollversuche scheint die Echtheit des Effektes sichergestellt zu sein. Sollte er doch durch eine Kontaminierung durch

[11] Nur an einer geglühten Probe von Amazonitpulver wurde nach dem Wiedererwärmen eine etwas verstärkte Fluoreszenz beobachtet; der Effekt war aber weit schwächer als etwa bei $CaSO_4$ unter denselben Bedingungen und konnte an anderen geglühten Amazonitpulverproben nicht reproduziert werden.

die Haut oder eine ähnliche Verunreinigung vorgetäuscht sein, so müßte es sich um ein so empfindliches Reagenz handeln, daß die Versuche schon deshalb von Interesse wären, ganz abgesehen davon, daß sie zu neuen Erkenntnissen über die Fluoreszenz der Haut geführt haben.

Für die Echtheit des Effektes spricht auch seine immer wieder festgestellte spezifische Natur: manche Substanzen zeigen ihn, andere nicht.

Auch die Verstärkung der Fluoreszenz von Anhydritstücken im Naturzustand durch mäßiges Vorerwärmen hat nichts mit der Haut zu tun; sie zeigt sich auch an Stücken, die, ohne mit der Hand berührt zu werden, aus einem Handstück herausgesägt worden waren. Die „echte" reversible Fluoreszenz des Anhydrits, die am Pulver sichergestellt ist, tritt auch gelegentlich an größeren Stücken auf, doch scheint hier ein noch unbekannter Faktor mitzuspielen, da der Effekt manchmal nach bloßem Wiedererhitzen, manchmal nur nach Wiedererhitzen befeuchteter Stücke und manchmal gar nicht auftritt. Die Begünstigung des Effektes durch die Pulverform wird wohl mit der größeren spezifischen Oberfläche zusammenhängen.

Auch die „echte" reversible Fluoreszenz hat sich als eine ziemlich weitverbreitete Erscheinung erwiesen; sie ist bisher an mehr als 20 Mineralien und synthetischen Substanzen nachgewiesen, siehe die Tabelle, und wo die Versuche negativ verliefen, könnte der Grund der sein, daß die bläulichgrünliche Fluoreszenz des Wassers durch die anderer Aktivatoren übertönt wird, teils auch, daß die betreffende Substanz nicht der nötigen Wärmebehandlung unterworfen werden kann, teils aber auch, daß bisher Temperatur und Dauer der Erhitzung nicht sehr stark variiert wurden, so daß bei Wahl anderer Bedingungen vielleicht auch in den bisher negativen Fällen die reversible Fluoreszenz beobachtet werden könnte. Der meist benützte Vorgang war der, daß die Proben 30 Sek. bis 1 Min. im Gebläse geglüht wurden (Temperaturanstieg bis etwa 900° C) und die zweite Erhitzung 15 Sek. bis 1 Min. im elektrischen Ofen bei 300—600° C vorgenommen wurde. Bei dunkel gefärbten Substanzen ist nichts zu erwarten, wie ja auch Ewles die von ihm entdeckte Fluoreszenz des adsorbierten Wassers bei Erregung mit kurzwelligem UV nur an farblosen Festkörpern beobachtet hat. Es ist noch zu prüfen, ob bei kurzwelliger Erregung nicht auch die reversible Fluoreszenz allgemeiner auftritt.

Die Zeolithe wurden deshalb untersucht, weil bei ihnen das Wasser bekanntlich in einer besonderen Weise gebunden ist; sie zeigen aber in bezug auf die reversible Fluoreszenz keine Besonderheiten.

Nicht klar ist noch die Ursache der gelblichen Fluoreszenz, die in vielen Fällen nach dem Glühen auftritt; handelt es sich da um einen besonderen Aktivator oder um eine gewisse Fehlordnung?

Es folgen nun Angaben über die Beobachtung des Effektes an pulverförmigen Proben. Ohne daß bisher in jedem Falle die günstigsten Bedingungen festgestellt werden konnten, seien doch einige Beispiele gegeben, wie der Effekt mit Sicherheit beobachtet werden kann. Die Versuche werden im allgemeinen so angestellt, daß ein etwa erbsengroßes Häufchen des Pulvers, rund 0,05 Gramm, in einem einseitig zugeschmolzenen Jenaer Glasrohr (5 mm lichte Weite, 1 mm Wandstärke) oder in einer kleinen Quarzeprouvette eingefüllt und 30 Sek. im Leuchtgas-Luftgebläse geglüht wird. Das geglühte Pulver wird hierauf auf ein Eisenblech oder eine andere nichtfluoreszierende Unterlage geschüttet und seine Fluoreszenz bei Erregung mit 365 mμ mit der eines ähnlichen Häufchens im ungeglühten Ausgangszustand verglichen; die geglühte Probe erweist sich als viel schwächer, manchmal kaum sichtbar fluoreszierend. Hierauf wird etwa die Hälfte der geglühten Probe mittels eines Stückes gefalteten schwarzen Glanzpapieres oder eines Aluminiumbleches in das Glasrohr gefüllt und in den auf 500° C einregulierten Ofen versenkt und 15—30 Sek. belassen und dann wieder auf dem Eisenblech mit den anderen Proben verglichen. In den im folgenden angeführten Fällen und in zahlreichen anderen fluoresziert die wiedererhitzte Probe wesentlich heller als die nur geglühte, manchmal auch heller als die im Ausgangszustand. Definiertere Verhältnisse wurden erreicht, als das Ausglühen in einem größeren elektrischen Ofen vorgenommen werden konnte. Die Resultate waren dieselben wie die durch Glühen im Gebläse erhaltenen, so daß also die Flammengase keine Rolle spielen.

1. $CaSO_4$ (von Prof. Dr. A. Bruckl erhalten): Positives Resultat beim Ausglühen im Gebläse oder im Ofen bei 800° C während 30 Sek. Pulverisierter Anhydrit von Kreuth verhält sich ebenso wie das synthetische Präparat, nur daß bei ersterem die gelbe Fluoreszenz nach dem Glühen stärker ist. Der Anhydrit von Staßfurt zeigt auch im pulverisierten Zustand nur die Verwandlung der Fluoreszenz in Gelb durch

das Glühen und nicht die Rückverwandlung in Grün durch Wiedererhitzen.

2. CaO Kahlbaum pro analysi: Die Versuche gelingen unter ähnlichen Bedingungen wie bei $CaSO_4$, nur mußte das Präparat beim Glühen im Ofen bei 800° eine Minute im Ofen bleiben; noch besser war Glühen bei 900° während einer Minute. Das CaO zeigt im Ausgangszustand eine besonders lebhafte grünlichbläuliche Fluoreszenz, die durch mäßiges Erhitzen noch verstärkt wird, ehe sie wieder abnimmt und in Gelb übergeht.

3. $CaCO_3$: Mit dem Präparat von Kahlbaum gelangen die Versuche unter denselben Bedingungen wie mit CaO. Auch mit dem reinsten $CaCO_3$ „spec. pure" von Johnson, Matthey & Co.[12] wurden positive Resultate erhalten.

Beim Glühen wird jedenfalls ein Teil des $CaCO_3$ in CaO verwandelt und es ist noch nicht sicher, ob der Effekt nicht nur vom CaO herrührt. Dafür spricht vielleicht der Umstand, daß die Resultate mit $CaCO_3$ etwas schwankender sind als bei etlichen anderen Substanzen, entsprechend den nicht sehr definierten Bedingungen beim Glühen, wobei es auf die Korngröße des Pulvers, die Abfuhr des befreiten CO_2 etc. ankommen kann. Auch bei einigen anderen in der Tabelle angeführten Substanzen mit positivem Effekt könnte eine teilweise Umwandlung in Oxyd stattgefunden haben.

4. Desmin von Island: Dieses leicht zerbröckelnde Mineral wurde auch als Pulver untersucht. Glühen im Gebläse während 30 Sek. schwächt die Fluoreszenz bedeutend, 15 Sek. im Ofen bei 550° C läßt sie wieder bedeutend heller werden, sogar heller als im Naturzustand; der Effekt ist sehr auffallend, siehe Abb. 2, von rechts nach links: Naturzustand, ausgeglüht, ausgeglüht und wieder erhitzt.

5. Colemanit von Farasköy, Türkei: Das Mineral zerfällt beim Erhitzen auf etwa 400° C zu Pulver, wohl durch Abgabe des Kristallwassers (Formel $Ca_2B_6O_{11} . 5 H_2O$). Seine grünlichbläuliche Fluoreszenz nimmt durch Erhitzen im Ofen bei etwa 550° C während 10 Min. bis 2 Std. stetig ab (die Fluoreszenz immer nach dem Abkühlen auf Zimmertemperatur beobachtet), durch nochmaliges Versenken in den Ofen

---

[12] Für dieses Präparat gibt die Erzeugerfirma folgende Verunreinigungen in Millionsteln an: Fe 7, Si 6, Sr, Mg 5, Na 3, Al, Cu, K 2.

während 15 bis 30 Sek. steigt das Fluoreszenzvermögen bis zur natürlichen Intensität und sogar darüber hinaus, siehe Abb. 3, Anordnung wie bei den anderen Abbildungen.

Wesentlich ist bei all diesen Versuchen, daß das Pulver nach dem Glühen eine kurze Zeit offen an der Luft liegt, wie sich dies bei dem geschilderten Vorgehen von selbst ergibt. Bleibt das Pulver die ganze Zeit im Rohr oder wird es nur rasch in ein anderes umgefüllt, so bleibt der Effekt des Wiedererhitzens aus; offenbar hat da die Luftfeuchtigkeit nicht genügenden Zutritt zur Probe. Die Art der bei der Beobachtung benützten Unterlage, Metall, Glanzpapier oder Glas, hat auf den Effekt keinen Einfluß.

Der Effekt müßte jetzt noch quantitativ, etwa mittels eines Elektronenvervielfachers, untersucht werden.

Für die Überlassung von Material und wertvolle Ratschläge bin ich wieder den Herren Prof. Machatschki, Prof. Haberlandt, Direktor Dr. Schiener und Dr. Scholler sowie den Herren Prof. Leitmeier, Prof. Wessely, Prof. Novotny und Doz. Preisinger zu größtem Danke verpflichtet. Herrn Dr. H. Adler danke ich herzlich für mannigfache Hilfeleistungen.

Zusammenfassung

Als durch Tempern reversible Fluoreszenz war die Erscheinung bezeichnet worden, daß die grünlichbläuliche Fluoreszenz mancher Substanzen nach starkem Erhitzen bedeutend geschwächt ist, durch nochmaliges schwächeres Erhitzen aber regeneriert wird. Dies wurde dahin gedeutet, daß diese Fluoreszenz von Wasser (Luftfeuchtigkeit) herrührt, das nach Zufuhr einer gewissen Aktivierungsenergie (Wiedererwärmung) stärker an die Oberfläche gebunden ist als durch bloße Oberflächenadsorption.

Neuere Versuche haben aber ergeben, daß diese Regeneration des Fluoreszenzvermögens gerade bei den Feldspaten und Wollastonit, bei denen sie zuerst beobachtet worden war, nur dann erfolgt, wenn die Stücke nach dem Glühen mit der Hand berührt wurden. Hier ist also ein von der Haut abgegebener Stoff für die Erscheinung verantwortlich („unechte“ reversible Fluoreszenz). Eigene Versuche zeigen, daß Haut nach passender Wärmebehandlung tatsächlich stärker fluoresziert als im Naturzustand.

Bei einer Reihe von Substanzen, die als Pulver untersucht und nie mit der Hand berührt wurden, wie Sulfate, Oxyde, einige Zeolite u. a. m., trifft aber die zuerst angegebene Deutung auch nach neueren strengen Kontrollversuchen zu („echte" reversible Fluoreszenz).

Es wird die Beobachtungsweise an Pulvern näher beschrieben und der Effekt an Desmin und Colemanit photographisch festgehalten.

Hawliczek F.: Über die Verwendung des Elektrokardiographen als Registriergerät in der Radiokardiographie (mit 3 Abbildungen), MIR Nr. 486, 4 Seiten. S 4.—

Hießberger F. und Karlik Berta: Weitere Untersuchungen über das Astatisotop 218 (mit 7 Abbildungen), MIR Nr. 487, 13 Seiten. S 8.30

Lang K.: Die spektrale Energieverteilung einer Neonlinie bei verschiedenen Entladungsbedingungen (mit 7 Abbildungen), 22 Seiten. S 13.80

Schneider W. und Matitsch T.: Eine photographische Methode zur quantitativen Bestimmung von Actinium (mit 3 Abbildungen), MIR Nr. 488, 19 Seiten. S 6.30

Tungl E.: Anschluß von Stäben mit ⊏-Querschnitt (mit 3 Abbildungen), 9 Seiten. S 10.60

Wänke H.: Ein elektronisch-optisches Verfahren zur Aufzeichnung der Amplitudenverteilung elektrischer Impulse (mit 16 Abbildungen), MIR Nr. 489, 22 Seiten. S 13.50

Weinzierl P.: Herstellung linearer Ra*DE*-Präparate aus hochgereinigter Radiumemanation (mit 2 Abbildungen), MIR Nr. 493, 12 Seiten. S 9.—

1953 (S II a, Bd. 162):

Blöch R.: Die Bildung von Oberflächenkristallen auf Alkalihalogeniden, Fluorit und Kalzit bei Bestrahlung mit Polonium (mit 4 Abbildungen), MIR Nr. 494. S 8.20

Drexler O.: Die Farbzentrenausbeute in Steinsalz für β-Strahlen mittlerer Energie (mit 8 Abbildungen), MIR Nr. 498. S 12.—

Herglotz H.: Zur sekundären Erregung des Chrom-$K\alpha_3$-Satelliten (mit 11 Abbildungen) S 12.80

Pohl E.: Ein neues Emanometer für Präzisionsmessungen mit vielseitiger Verwendungsmöglichkeit (mit 5 Abbildungen). Mitteilung aus dem Forschungsinstitut Gastein Nr. 88. S 12.40

Przibram K.: Über die Farb-Bänderung des Fluorits (mit 3 Abbildungen), MIR Nr. 497. S 10.90

Tomiser J.: Analyse von Sulfonamidgemischen mit Hilfe des Ramaneffektes (mit 9 Abbildungen). S 14.60

Tomiser J.: Ramanspektren von Sulfonamiden (mit 21 Abbildungen). S 47.20

Treitl K.: Über die Verfärbung von NaCl, KCl und CaF_2 mit Kathodenstrahlen (mit 8 Abbildungen), MIR Nr. 500. S 8.90

1954 (S II, Bd. 163):

Glaser W.: Licht und Materie in einheitlicher Deutung. S 52.—

Pohl E. und Pohl-Rüling Johanna: Radioaktive Luftmessungen im Raum von Badgastein und Böckstein (mit 4 Abbildungen). S 14.80

Pohl-Rüling Johanna: Über die Durchlässigkeit von Gummi und Plastikstoffen für Radium-Emmanation (mit 1 Abbildung). S 4.—

Pohl-Rüling Johanna und Pohl E.: Neue Bestimmungen des Radium- und Radon gehaltes einiger Austritte der Gasteiner Therme. S 5.—

Przibram K.: Über die Verteilung von Farbzentren und anderen Störungen in natürlichen Steinsalzkristallen (mit 5 Abbildungen) MIR Nr. 503. S 6.60

Schmid E. und Lintner K.: Über die Bedeutung eines Bombardements mit Korpuskular strahlen für die Plastizität von Metallkristallen (mit 5 Abbildungen). S 12.—

1955 (S II, Bd. 164):

Blaha F.: Einige Wachstumsformen von Cd-Kristallen (mit 10 Abbildungen). S 9.—

Hawliczek F.: Stabilisierte Impulshochspannungsgeneratoren zum Betrieb von Geiger-Müller-Zählern und Szintillationszählern (mit 7 Abbildungen), MIR Nr. 508. S 13.40

Koller K.: Der Atomkern als Elektronenkristall (mit 2 Abbildungen). S 18.—

Koller K.: Der Atomkern als Elektronenkristall, II. Mitteilung (mit 3 Abbildungen). S 10.—

Matiasek Christine: Untersuchungen des Spektrums der Konversionselektronen von Actinium X mit der photographischen Methode (mit 3 Abbildungen), MIR Nr. 511. S 7.90

Matitsch T.: Weitere Versuche zur Entschleierung von β-empfindlichen Emulsionen, MIR Nr. 513. S 4.90

Polak A.: Messungen der elektrischen Leitfähigkeit der Luft in Badgastein. S 16.70

Schedling J. A. und Wein J.: Differentialthermoanalytische Untersuchungen an $CaSO_4 . 2\,H_2O$ und seinen durch Entwässerung entstehenden Folgeprodukten (mit 6 Abbildungen). S 13.—

Tisljar-Lentulis G. und Weinzierl P.: Über eine Methode zur Messung extremer Intensitätsrelationen zwischen positiven und negativen Elektronen (mit 5 Abbildungen), MIR Nr. 510. S 11.—

GPSR Compliance
The European Union's (EU) General Product Safety Regulation (GPSR) is a set of rules that requires consumer products to be safe and our obligations to ensure this.

If you have any concerns about our products, you can contact us on

ProductSafety@springernature.com

In case Publisher is established outside the EU, the EU authorized representative is:

Springer Nature Customer Service Center GmbH
Europaplatz 3
69115 Heidelberg, Germany

www.ingramcontent.com/pod-product-compliance
Ingram Content Group UK Ltd.
Pitfield, Milton Keynes, MK11 3LW, UK
UKHW021927190726
13853UKWH00002B/901
* 9 7 8 3 6 6 2 2 2 9 2 9 3 *